AF326005

L'OXYGÈNE INDUSTRIEL

ET SES APPLICATIONS

PAR

Raoul PICTET

GENÈVE

IMPRIMERIE W. KÜNDIG & FILS

—

1905

CHAPITRE I

INTRODUCTION

L'oxygène est, comme on le sait, le gaz le plus important, le plus nécessaire dans tous les phénomènes de combustion ; il est indispensable à la manifestation de la vie et son rôle est capital dans la plupart des réactions chimiques.

L'apparition de l'oxygène à bon marché, la possibilité de le mettre à la portée de tous les *usages industriels,* et permettre à la civilisation actuelle de considérer ce gaz comme un facteur nouveau, offert à profusion dans toutes les directions où son emploi s'impose, telle est la vague puissante qui envahit aujourd'hui tous les domaines de l'activité contemporaine.

Le prix très élevé qu'a conservé l'oxygène jusqu'à maintenant et l'impossibilité où l'on se trouvait de l'obtenir en très grandes quantités rendaient infructueuses toutes les tentatives faites pour vulgariser l'emploi de ce gaz.

Les efforts étaient presque exclusivement dirigés vers les applications de l'oxygène pris directement dans l'air atmosphérique sous la forme de courants d'air énergiques.

Signalons immédiatement dans cette direction les machines soufflantes dans les hauts fourneaux et les cubilots pour la fonte des métaux ; les courants d'air associés au gaz d'éclairage dans les becs Bunsen, les fours Perrot, les convertisseurs Bessmer, enfin l'air atmosphérique associé à l'acide sulfureux pour obtenir par synthèse l'acide sulfurique anhydre, et une foule d'autres applications semblables.

Dans tous ces emplois l'oxygène est constamment accompagné de l'azote et cela dans la proportion de 21 parties d'oxygène en volume et 79 parties d'azote.

Nous négligeons ici les traces des gaz spéciaux accompagnant ces deux gaz tels que l'acide carbonique, l'argon, l'hélion, etc., etc., qui ne jouent aucun rôle appréciable dans ce qui va suivre.

Pour bien faire entendre la véritable transformation de l'*industrie des hautes températures* qui est la conséquence immédiate et forcée de l'apparition de l'oxygène industriel, nous suivrons dans cette étude le programme suivant :

Nous commencerons par fixer par des calculs précis et consacrés par l'expérience le prix de revient de l'*oxygène industriel*.

Cela fait nous suivrons les applications de ce gaz dans les diverses industries.

Nous verrons son influence dans les températures que l'on peut atteindre et dans le réglage à volonté de ces températures.

Nous chiffrerons l'économie de la combustion du charbon dépensé soit par l'emploi de l'*air atmosphérique*, procédé ancien, soit par l'emploi de l'*oxygène industriel*, procédé nouveau.

Nous fixerons la limite actuelle des résultats que l'on peut obtenir par l'air atmosphérique et l'extension de ces limites par l'emploi de l'oxygène industriel, c'est-à-dire nous préciserons le *terrain conquis* par ce perfectionnement.

En *Métallurgie* nous indiquerons sommairement la modification profonde des travaux de la construction en *fer* et en *acier*.

Le traitement spécial des minerais divers, le rafinage des métaux sous l'influence de l'oxygène industriel.

La possibilité de traiter des minerais aujourd'hui complètement récalcitrants :

Le traitement spécial du fer au chrôme, au nickel, au titane, des quartz aurifères, etc., etc. Tous ces sujets ne pourront naturellement qu'être succinctement indiqués et réclameront plus tard d'abondants développements.

En *Eclairage*, nous suivons la transformation totale de la théorie des *brûleurs à incandescence* modifiée par l'emploi de l'oxygène industriel.

Ici la modification est radicale et si complète qu'elle s'adresse simultanément à la *production* du gaz qui brûle, à la *construction* du *brûleur*, au *volume* des gaz brûlés, à la *température* de l'*incandescence*, à la *matière* constituant les *manchons nouveaux*, enfin à l'*abaissement du prix* de la lumière fournie ainsi qu'à sa *qualité*. L'éclairage des villes est radicalement *transformé* par l'oxygène industriel.

En Chimie, l'apparition de l'oxygène industriel apporte comme conséquences immédiates des facilités nouvelles dans les synthèses directes de tous les *composés oxygénés* quelconques. Tout spécialement les *oxydes de l'azote* sont directement visés par ces recherches qui ne sont du reste qu'à leur aurore.

La fabrication de l'*acide azotique* réclame cinq volumes d'oxygène et un volume d'azote environ; cette proportion peut être rigoureusement fournie directement et les applications des forces catalitiques permettent la synthèse immédiate par des appareils spéciaux opérant dans cette réaction d'une façon analogue à ce qui se passe dans la fabrication synthétique de l'*acide sulfurique anhydre* ou de l'*acide cyanhydrique*.

L'obtention de l'*ozone* est extrêmement facilitée par la possibilité d'agir sur l'oxygène amené au degré de pureté qu'on désire. Les applications de l'ozone pour la purification et l'aseptie des eaux potables sont de plus en plus à l'ordre du jour dans toutes les villes.

Tous les *engrais* à base d'azote trouveront certainement un puissant auxiliaire dans les réactions obtenues tant sur l'azote que sur l'oxygène en présence des oxydes terreux. Ces problèmes du reste sont encore dans leur enfance et les solutions définitives ne sont point données.

En Hygiène l'apparition de l'oxygène industriel permet de

mettre à la portée de tous.les malades une modification essentielle dans le *milieu* où ils vivent et où ils se soignent.

L'oxygène au lieu d'être administré à haute dose pendant quelques minutes, sera respiré longtemps à un titre rappelant celui de l'air des hautes montagnes et sans masque, sans appareil, en conservant à chaque malade toutes les habitudes de travail, d'occupations, d'exercices musculaires, comme dans la vie normale.

Les patients respireront *l'air oxygèné* dans de grandes salles où ils vivront comme dans leur propre demeure, modifiant ainsi à volonté le caractère fondamental du pouvoir oxygénant de l'air qu'ils respirent et qui est le *milieu ambiant*.

Cette transformation radicale des applications de l'oxygène à l'hygiène n'est possible qu'avec l'extrême bon marché de ce gaz.

Pour les *écoles* où de nombreux enfants sont, plusieurs heures durant, renfermés dans des salles, souvent mal aérées, la transformation des conditions sanitaires sera considérable; elle est réclamée depuis fort longtemps, c'est un besoin social.

Les hôpitaux, les cliniques et tout spécialement les salles d'opérés, seront munies de canalisations nécessaires à l'application régulière de cette *panacée pour la guérison des plaies.*

Les bureaux où les employés travaillent pendant la journée, les cafés, les lieux de réunion, les théâtres mêmes et toutes les demeures particulières seront en droit de réclamer cette amélioration dans les conditions hygiéniques de l'habitation.

La suppression totale *des fumées* dans toutes les villes serait la conséquence immédiate de l'introduction dans les domiciles de l'oxygène industriel.

Cette modification transformerait *le ciel* des agglomérations humaines, la qualité de l'air respiré et contribuerait pour une bonne part par la *propreté*, à faire réaliser le proverbe *mens sana in corpore sano* et cela pour la grande masse de la population.

Tel est le programme que nous allons suivre et développer dans les pages de cette étude.

CHAPITRE II

Prix de revient de l'Oxygène industriel.

Nous rappellerons que nous obtenons l'oxygène industriel par la simple compression de l'air atmosphérique à la pression de 2 à $2^1/_2$ atmosphères au dessus de la pression atmosphérique.

Sous cette pression l'air comprimé, purifié, refroidi se *liquéfie totalement*.

On filtre l'air liquide ainsi obtenu et on en retire *l'acide carbonique solide*.

L'air liquide, d'une transparence remarquable et bleuté s'écoule sur des serpentins métalliques dans lesquels arrive l'air atmosphérique comprimé et refroidi.

Cet air en se liquéfiant à *l'intérieur* des tubes abandonne sa chaleur latente de condensation.

Cette chaleur traverse les parois métalliques des serpentins et se communique à l'air liquide qui est autour et les baigne de toutes parts.

Cet air liquide recevant la *chaleur latente* de l'air liquéfié se vaporise absorbant toute cette chaleur latente.

On évapore donc au dehors des tubes un poids d'air liquide sensiblement égal au poids d'air liquéfié à l'intérieur des serpentins.

Comme la liquéfaction *intérieure*, s'effectuant dans les serpentins, s'opère sous la pression de deux atmosphères et demie environ, la température intérieure est de 13° à 14° centigrades au-dessus de la température de l'air liquide qui bout sous la pression atmosphérique à l'extérieur.

Nous n'entreprendrons pas ici la discussion du problème physique qui prouve que dans ces conditions les rapports en poids de l'air liquide évaporé et de l'air liquide obtenu sont influencés par cet écart de température.

En effet ce problème a été complètement exposé dans une brochure spéciale *(L'Oxygène industriel* : Bulletin de la Société des Ingénieurs civils de France, Juin 1901).

Il nous suffit donc aujourd'hui de nous servir simplement des résultats matériellement constatés dans l'usine de Manchester et de prendre les différents prix de revient de la force motrice suivant les pays et les modes de production de cette force motrice.

Bases du calcul du prix de revient.

L'expérience à démontré qu'avec de la force motrice, des appareils de compression, des machines frigorifiques spéciales, des appareils de liquéfaction, et des séparateurs des constituants de l'air, on peut obtenir l'azote, l'oxygène et l'acide carbonique au degré de pureté que l'on veut.

La force motrice, le personnel, les frais généraux sont les *seules dépenses immédiates.*

La transformation de l'air atmosphérique en ses constituants séparés ne réclame aucune dépense spéciale de produits chimiques ; elle s'effectue totalement uniquement par des cycles de phénomènes physiques et ne coûte que du *travail mécanique,* soit des *chevaux vapeur.*

La dépense de l'énergie mécanique se partage en deux directions toutes différentes quant à leur but.

Il faut d'abord filtrer l'air, refroidir l'air, dessécher complètement l'air, et refiltrer l'air avant de l'introduire dans les appareils liquéfacteurs.

Cette première série d'opérations est indispensable pour assurer quelque régularité à la marche de l'usine.

C'est un *fardeau* qui n'est nullement né de considérations théoriques, mais bien des conditions pratiques dictées par les nécessités de la marche continue.

En effet l'air étant destiné à se condenser en totalité dans l'intérieur d'un régime tubulaire de dimensions relativement restreintes, ce régime serait bien vite *obstrué* et complètement hors de service si la vapeur d'eau, les poussières, les cristaux d'acide carbonique pouvaient s'y accumuler !

Au bout de quelques jours, quelques heures mêmes, l'appareil tout entier serait hors d'usage.

La seconde utilisation de la *force motrice* consiste uniquement dans la *compression de l'air* destiné à être *liquéfié* et à être transformé en ses constituants.

La somme de ces deux quantités d'énergie à fournir représente la seule dépense directe des machines.

Outre cette dépense immédiate en chevaux vapeur à fournir, il faut estimer la *main d'œuvre* normale nécessaire au maintien de la bonne marche des appareils.

La dépense des *réparations normales* de ces machines doit être aussi comptée selon les règles habituelles du commmerce.

L'*amortissement des machines* et du matériel doit être prévu et estimé.

En additionnant toutes ces charges on arrive au prix de revient *immédiat* de *l'oxygène*, de *l'azote* et de *l'acide carbonique*.

Si l'on veut continuer l'étude commerciale du prix de revient, il faut encore ajouter au prix de revient immédiat les facteurs suivants :

1° Assurances pour tous les ouvriers : *accident* ;

2° Assurances pour tous les ouvriers: *retraite ouvrière* ;

3° Assurances contre les incendies ;

4° 5 % intérêt du capital avant tout dividende.

Enfin pour les *actionnaires* le prix de revient s'élève encore par suite des charges sociales qui sont :

1° La réserve sociale légale ;

2° L'amortissement général des bâtiments, usines, etc. ;

3° L'amortissement des brevets ;

4° Toutes les réserves et donations à l'administration, aux fondations charitables, participation des ouvriers aux bénéfices, etc. etc., votés par le conseil et par l'assemblée générale des actionnaires.

Dans cette étude nous nous contenterons de fixer le prix de *revient immédiat des constituants de l'air atmosphérique.*

Il est en effet impossible de préciser les charges qui proviennent de conditions économiques des plus diverses et modifiables par nature suivant les cas, les pays et les usages commerciaux.

Un point cependant demande à être précisé pour que cette étude porte avec elle les vraies conséquences qu'elle a pour but de mettre en lumière, c'est l'importance de *l'usine type* servant à produire dans l'industrie *l'oxygène industriel.*

Nous devons faire remarquer que l'oxygène industriel est destiné par principe à transformer spécialement *l'éclairage public.*

L'expérience a montré que les progrès de l'éclairage s'accomplissent toujours par une augmentation de *lumière* fournie pour une même dépense.

L'apparition du *bec Auer* n'a fait diminuer nulle part la quantité de gaz fabriquée mais elle a eu pour effet de donner pour le même prix beaucoup plus de lumière d'une qualité supérieure.

En consultant les statistiques de la production du gaz dans les principales villes du monde on voit que la consommation moyenne oscille par tête d'habitant entre 80 et 110 mètres cubes de gaz par an.

De plus la production du *gaz à l'eau* dont nous parlerons plus tard consommera de l'oxygène industriel.

En ajoutant à la dépense en oxygène nécessaire pour l'éclairage public une petite quantité absorbée par les autres emplois dont la nouveauté empêche d'estimer sans arrière-pensée et une grande modération, la consommation, on arrive à trouver que pour chaque ville de *50,000 habitants* il faudra *au minimum* une machine de *mille chevaux* pour satisfaire, au début de l'exploitation, aux besoins en oxygène industriel.

Nous prendrons donc cette usine de 1000 chevaux comme usine type servant à calculer le prix de l'oxygène industriel, de l'azote, de l'acide carbonique retirés de l'air atmosphérique et offerts au commerce de toutes les grandes villes.

Il va sans dire que le prix de revient des constituants de l'air atmosphérique variera avec l'importance des installations et que le prix baissera toujours avec une consommation plus large. Il faut cependant fixer une valeur type servant de base aux calculs et de comparaison pour les usines plus petites ou plus grandes.

Prix de revient immédiat de l'Oxygène industriel.

Comme nous venons de le dire, nous prenons comme *unité* la puissance de *mille chevaux*.

Nous allons voir ce que coûtent tous les facteurs nécessaires au fonctionnement régulier de cette usine et quelle quantité d'oxygène, d'azote et d'acide carbonique nous pouvons obtenir par jour de marche.

Voici les résultats obtenus à Manchester dans notre usine d'oxygène appliqués à l'installation type d'une puissance de 1000 chevaux vapeur.

Nous avons fait tous les calculs de réduction rapportés aux quantités d'air suivantes :

Quantité d'air en mètres cubes par heure servant à l'obtention de l'oxygène industriel :

$$12,000 \text{ mètres cubes heure}$$

Pression de l'air à l'aspiration 1^{at}.

Pression de l'air à la compression 2,^{at}5.

Travail de compression $= 670$ *chevaux*.

Purification, deshydratation de ces 12,000 mètres cubes par heure.

Ce travail est représenté par une *machine frigorifique* agissant à 0° et à — 90° ou — 100° centigrades.

Elle doit deshydrater l'air totalement et l'abandonner à (90° au-dessous de zéro) environ à l'entrée du liquéfacteur.

Travail de la machine frigorifique égale *150 chevaux*.

Pour conserver la marche des appareils constante et le niveau de l'air liquide constant dans les appareils séparateurs bien entourés de matière isolante, l'expérience nous a montré qu'il faut envoyer une certaine quantité d'air liquide constamment dans les séparateurs.

Cette quantité d'air liquide est d'environ 100 à 120 litres par heure. Elle a pour effet de purifier, filtrer, deshydrater cette quantité d'air auxiliaire nécessaire à la production de 120 litres d'air liquide nous devons consommer environ 180 chevaux opérant exclusivement dans ce but.

L'usine réclamera donc comme force motrice :

Travail de compression de l'air destiné à être purifié, refroidi, deshydraté et séparé dans ses éléments après liquéfaction totale et sous basse pression . . . . 670 chevaux

Travail de la machine frigorifique ayant pour objet le refroidissement et la deshydratation totale de 12,000 m³ d'air destinés à être liquéfiés 150   »

Travail utilisé pour deshydrater et comprimer l'air à 60 atmosphères et en liquéfier une partie donnant 120 litres à l'heure 180   »

Total de la force motrice . . . . . 1000 chevaux

Ajoutons que cette *force motrice* a été très largement comptée car elle comporte environ 15 % de marge. Nous avons compris également dans les estimations précédentes la force nécessaire aux pompes du puits, aux transmissions, etc., etc., au treuil et au tour pour les petites réparations courantes.

Prix de la force motrice.

Nous avons quatre voies normales pour la production de la force motrice :

1° Machine à vapeur à triple expansion.
2° Force hydraulique.
3° Transmission électrique.
4° Moteurs à gaz.

Chacun de ces systèmes sera tour à tour employé selon les conditions topographiques et locales des usines.

Nous allons par conséquent calculer le prix de revient selon ces quatre systèmes de production de la force motrice et selon des conditions que nous chercherons à rendre *normales*.

Prix de 1000 chevaux vapeur.

Nous prenons le type perfectionné des machines à vapeur à triple expansion brûlant 750 grammes de charbon à l'heure.

Dépense pour 24 heures.

Charbon 18 tonnes à 25 fr.	Fr.	450
Mécaniciens 1 de jour, 1 de nuit 8 fr. chacun	»	16
Chauffeurs 1 de jour, 1 de nuit 5 fr. chacun	«	10
Graissage	»	8
Eclairage	»	6
Petites réparations courantes	»	10
Total par jour	Fr.	500

Nous comptons l'amortissement de la machine avec celui des compresseurs.

Prix de 1000 chevaux hydrauliques.

Les prix varient entre 40 fr. cheval an et 150 fr. suivant les installations, tous frais compris. En comptant 100 fr. nous sommes dans de bonnes conditions normales.

Le prix de la force motrice de 1000 chevaux ramené à la dépense quotidienne sera de . . . . *274 francs.*

Prix de 1000 chevaux électriques.

Le prix des *kilowats* heure correspondant à la fourniture très voisine de 1 cheval effectif oscille entre 10 centimes et 16 centimes. Pour les grandes puissances ce prix peut par arrangement spécial s'abaisser à 8 centimes. C'est dans tous les cas le moyen le plus dispendieux pour se procurer la force motrice. On l'emploie tout spécialement dans les grandes villes pour des stations centrales d'électricité, surtout si l'on dispose à faible distance de chutes d'eau alimentant de puissantes dynamos.

Admettons le prix de 10 centimes par cheval heure. Le prix de la force électrique sera par jour égal à $10 \text{ c.} \times 24 \times 1000 = $ *2400 francs.*

A ce prix il faut ajouter l'électricien de jour et un de nuit soit à 10 fr. chacun: 20 francs.

L'entretien des contacts, graissage et menus frais estimés à 10 fr. par jour.

Le prix total de la force électrique consommée sera donc de *2430 francs par jour.*

L'*amortissement* des moteurs électriques sera compté avec celui des compresseurs.

Prix de 1000 chevaux avec moteurs à gaz.

Nous admettons naturellement que dans ce cas on fabrique le gaz à l'eau par un procédé continu découlant immédiatement de l'emploi de l'oxygène industriel.

Comme nous le verrons plus loin le gaz à l'eau peut s'obtenir à raison de trois mètres cubes et demi par kilogrammes de charbon.

Chaque mètre cube de ce gaz possède un pouvoir calorifique de 2500 calories environ.

Il suffit de 600 litres de ce gaz pour chaque cheval heure.

Le prix de ce gaz à l'eau peut s'estimer au maximum dans ces conditions à 1 centime le mètre cube tous frais compris.

Pour une force de 1000 chevaux il faudra brûler dans les moteurs 600 mètres cubes de gaz à l'eau par heure et par 24 heures 14,400 mètres cubes.

La dépense en gaz quotidienne sera de . . . . . . Fr. 144
Un mécanicien de jour et un de nuit . . . . » 20
Un aide de jour et un de nuit . . . . » 12
Graissage, éclairage . . . . » 10
186

L'amortissement se calculera avec celui des compresseurs.

Prix de l'installation totale d'une usine employant 1000 chevaux pour l'obtention de l'oxygène industriel.

Il nous est impossible de donner un devis détaillé de l'usine totale, car la simple nomenclature de tout le matériel, machines, séparateurs, filtres, deshydratateurs, etc.. comporterait plusieurs pages de chiffres sans aucun intérêt pour le lecteur.

Nous séparerons cependant ce devis en trois grandes classes d'appareils :

1° Moteurs et compresseurs.

2° Deshydratateurs, liquéfacteurs, séparateurs, filtres, machines frigorifiques, accessoires.

3° Gazomètres et canalisations.

Nous ne parlerons que pour mémoire de la valeur des terrains et des bâtiments contenant l'usine. Les prix que nous indiquons ici sont *suffisants* pour la réalisation totale du programme.

Nous faisons cette distinction pour donner à l'amortissement une valeur proportionnelle à l'usage, les machines s'usant plus vite que de simples appareils.

Prix d'une installation de 1000 chevaux utilisés pour la production de l'oxygène industriel.

1° Moteur à vapeur, triple expansion, condensation, avec compresseurs sur la prolongation des tiges des pistons à vapeur, groupe homogène . . . . Fr. 200,000
Chaudières alimentant les machines . . . » 100,000

Fr. 300,000

2° Appareils pour la liquéfaction de l'air atmosphérique, sa deshydratation, son filtrage, la séparation des gaz et les appareils frigorifiques » 800,000
3° Gazomètres et canalisation environ . . . » 400,000

Total du prix de l'usine . . . . Fr. 1,500,000

C'est le prix de l'usine montée prête à fonctionner non compris les bâtiments ni le terrain.

Nous savons que toute usine fonctionnant avec l'électricité, la force hydraulique, ou les moteurs à gaz coûtera *moins* que celle qui utilise la vapeur.

Donc nous garderons ce *prix fort* comme base de tous les calculs ultérieurs.

Amortissement du matériel.

Nous amortirons en *10 ans* tous les appareils qui travaillent comme les moteurs et les compresseurs et en 15 ans les serpentins et appareils fixes qui ne subissent aucune usure apparente.

1° Amortissement de la machine et des compresseurs en 10 ans,
ramené à la dépense quotidienne 300 jours par an .   Fr. 100
2° Amortissement du matériel immobile et des gazomètres et canalisations . . . .   « 226

Total des amortissements   Fr. 366

Main-d'œuvre de l'usine.

L'usine ne réclame en dehors de la conduite des moteurs et
des compresseurs que deux mécaniciens de jour et de nuit et 3
manœuvres de jour et de nuit.

On pourra même diminuer ce personnel par la suite.

2 mécaniciens chefs à 10 fr. . . . . Fr. 20
2   » sous-chefs à 8 » . . . . » 16
3 manœuvres de jour à 5 » . . . , ... » 15
3   »   de nuit à 5 » . . . . » 15

Total par jour   Fr. 66

Frais de l'usine en dehors de la main-d'œuvre et spéciaux aux appareils traitant l'air atmosphérique :

Entretien des appareils frigorifiques : liquide volatil, garniture,
vannes, ressorts, nettoyage, etc., etc. . . . . . . Fr. 15

Récapitulation des frais quotidiens.

1° *Frais avec machine à vapeur.*

Nous allons relever les différentes dépenses chiffrées plus haut
et faire la somme pour connaître le prix de *revient immédiat* de
la production journalière.

2

Force motrice	. . . .	Fr. 500
Amortissement	. . . .	» 366
Main-d'œuvre	. . . .	» 66
Frais spéciaux	. . . .	» 15
	Frais totaux quotidiens	Fr. 947

2° *Frais avec moteurs hydrauliques.*

Force motrice	. . . .	Fr. 274
Amortissement	. . . .	» 366
Main-d'œuvre	. . . .	» 66
Frais spéciaux	. . . .	» 15
	Frais totaux quotidiens	Fr. 721

3° *Frais avec moteurs électriques.*

Force motrice	. . . .	Fr. 2400
Amortissement	. . . .	» 366
Main-d'œuvre	. . . .	» 66
Frais spéciaux	. . . .	» 15
	Frais totaux quotidiens	Fr. 2847

4° *Frais avec moteurs à gaz.*

Force motrice	. . . .	Fr. 186
Amortissement	. . . .	» 366
Main-d'œuvre	. . . .	» 66
Frais spéciaux	. . . .	» 15
	Frais totaux quotidiens	Fr. 633

Comme nous l'avons déjà dit l'*électricité* est de beaucoup la force motrice la plus coûteuse, par contre les moteurs à gaz tiennent le premier rang comme économie.

Production quotidienne de l'usine de 1000 chevaux.

Pour déterminer le prix de *revient immédiat*, il faut chiffrer la contre-partie des dépenses, ou la recette :

1º De l'oxygène industriel à 50 $^0/_0$ de pureté.
et de l'oxygène pur au-dessus de 90 $^0/_0$ de pureté.
2º De l'azote en dessus de 93 $^0/_0$ de pureté.
3º De l'acide carbonique chimiquement pur.

Quantités d'oxygène obtenues quotidiennement.

Nous comprimons et liquéfions totalement 12000 mètres cubes d'air atmosphérique par heure.

Par jour nous produirons donc :
ou bien :

96,000 m³ d'oxygène industriel.

ou bien :

40,000 m³ d'oxygène comprimé à plus de 90 $^0/_0$

ou bien :
partie en oxygène industriel
partie en oxygène comprimé pur.

Quantités d'azote obtenues quotidiennement.

Nous récolterons simultanément :

190,000 m³ d'azote à 93 $^0/_0$.

Quantités d'acide carbonique quotidiennes.

Nous *serons obligés* de sortir comme sous-produit cristallisé dans les filtres un poids d'acide carbonique qui sera au minimum de 175 à 200 kilogrammes.

Mais nous pouvons sans aucune difficulté porter cette quantité à 6000 kilogrammes si on le désire et si le marché de l'acide carbonique demande ces grandes livraisons.

Estimation du prix de revient immédiat.

Maintenant que nous connaissons la dépense quotidienne et la production quotidienne, il faut faire une convention pour l'estimation du prix de revient :

Voulons-nous vendre de l'oxygène et de l'acide carbonique sans nous occuper de l'azote ?

Voulons-nous vendre les deux gaz parallèlement ?

Voulons-nous monopoliser la fabrication de l'acide carbonique et vendre en gros notre production aux industries existantes ?

Nous ne pouvons pas passer en revue toutes ces hypothèses mais nous examinerons dans l'état actuel les choses comme elles se présentent.

En Allemagne, pour une population d'environ 56 millions d'habitants, la vente de l'acide carbonique atteint environ 28 millions de kilos annuellement, soit un *demi-kilo* par tête d'habitant.

L'oxygène ne se vend qu'à l'*état pur* et son prix est très élevé, de 4 à 6 francs par mètre cube en gros.

Nout estimons donc que dans chaque ville de 100,000 habitants on vendra annuellement environ 50,000 kilos d'acide carbonique et que l'usine alimentera en acide carbonique une population avoisinante égale à au moins cinq ou six fois plus considérable, les petites villes venant s'alimenter à la capitale.

L'oxygène industriel se vendra pour l'éclairage et pour tous les besoins de la métallurgie.

L'azote seul n'aura pas immédiatement un débouché bien assuré.

Nous ferons donc peser le prix des dépenses uniquement sur l'oxygène industriel et l'acide carbonique à concurrence de 1500 kilogrammes par jour, quantité certainement trop faible surtout au début des usines d'oxygène, lorsque leur nombre sera très restreint.

Pour faire un calcul correct, nous défalquerons simplement le prix de vente de l'acide carbonique, ce prix sera estimé *au-dessous du prix actuel,* car c'est un simple sous-produit dont la vente en bloc est assurée pour d'aussi petites quantités et à des prix modestes.

Le prix actuel de l'acide carbonique pour de très gros marchés est de *33 centimes.* A ce prix aucun fabricant, par les procédés ordinaires, ne peut gagner d'argent. Aucun client cependant ne le paye au-dessous de 60 à 70 centimes dans le commerce ordinaire.

Admettons le prix *trop bas* de 30 centimes par kilogramme.

La vente de 1500 kilos d'acide carbonique représente une rentrée quotidienne de :

$$1500 \times 30 \text{ centimes} = 450 \text{ francs.}$$

La plupart des usines d'acide carbonique en Allemagne, Norwège, Angleterre, etc., fabriquent de 2000 à 7000 kilogrammes quotidiennement.

Elles auront un grand intérêt à suspendre leur fabrication pour s'alimenter *exclusivement* aux usines d'oxygène, car, au prix coûtant, la vente de ce produit sera de cette façon un grand avantage pour chacun et la clientèle de ces usines gagnera par la pureté et la qualité du produit *tout à fait pur et sans aucune odeur.*

Pour donner ainsi à *l'acide carbonique* et à sa vente la vraie place que ce produit mérite, nous pouvons affirmer que chaque usine de 1000 chevaux recevra quotidiennement une rentrée comprise entre :

450 francs pour la vente minimum de *1500 kilog.* et 1800 francs pour la vente possible de 6000 *kilog.*

Nous conserverons le *prix inférieur* de 450 fr. pour être sûr de ne point faire d'exagération.

Cela dit établissons le prix du mètre cube d'oxygène industriel dans les différents cas prévus.

1° **Usine à vapeur :**

Production en *oxygène industriel* $= 96,000$ m³.

Dépense journalière . . . . Fr. 947
Vente de l'acide carbonique . . . . » 450

Dépense quotidienne . . . Fr. 497

Chaque mètre cube d'*oxygène industriel* à 50 $^0/_0$ de pureté coûtera en *prix immédiat* du revient :

0,51 centime par mètre cube.

Si l'on admet une *vente nulle* d'acide carbonique, dans le cas d'une usine pour usage de la métallurgie en un pays écarté et loin des grandes villes, le prix de revient immédiat sera alors de

0,99 centime par mètre cube.

Production en oxygène pur comprimé au-dessus de 90 $^0/_0$.

Quantité journalière *40,000 mètres cubes.*
Prix de revient immédiat *avec* la vente de l'acide carbonique . . . . $= 1,24$ *centime.*
Prix de revient immédiat *sans* la vente de l'acide carbonique . . . . *2,37 centimes.*

Nous pourrions envisager plusieurs autres cas, mais chaque lecteur est libre de faire le calcul selon ses espérances ou ses craintes personnelles.

2° **Usine hydraulique.**

Si nous adoptons la force motrice hydraulique avec la vente de 1500 kilos d'acide carbonique, le prix de revient immédiat s'établit comme suit :

Dépenses quotidiennes . . . . Fr. 721
Vente de 1500″ d'acide carbonique. . . . . . . » 450

Dépenses réelles . . . Fr. 271

Prix de *revient immédiat* du mètre cube d'oxygène industriel
50 % . . . . = *0,28 centime.*
Sans la vente de l'acide carbonique, ce
prix s'élève à . . . . *0,75 centime.*
Pour l'oxygène pur au-dessus de 90 % on obtient :
Avec la vente d'acide carbonique . . . . 0°,68
Sans la vente d'acide carbonique . . . . 1°,80

3° Usine électrique.

Le prix de revient immédiat de l'oxygène industriel sera dans
ce cas sensiblement plus élevé :
Dépenses quotidiennes . . . . Fr. 2847
Vente de l'acide carbonique . . . . » 450

Dépenses réelles . . . Fr. 2397
Prix de *revient immédiat* de l'oxygène indus-
triel . . . . *2°,5 centimes*
Sans la vente de l'acide carbonique ce prix
s'élève à . . . . *2°,9 centimes.*
Pour l'oxygène pur au-dessus de 90 % on obtient :
Avec la vente de l'acide carbonique . . . *5,99 centimes.*
Sans la vente de l'acide carbonique . . . *7,12 centimes*

4° Moteurs à gaz.

La dépense journalière pour toute l'usine est de *633 francs.*
Si l'on vend 1500 kilos d'acide carbonique pour 450 francs,
l'oxygène industriel est obtenu absolument comme *sous produit.*
La vente de l'acide carbonique compense à peu près toutes
les dépenses directes.
Prix de revient de l'oxygène industriel . . = *0,19 centime.*
Dans le cas où l'on ne vendrait pas d'acide carbonique le prix
de revient sera de :

0,66 centime par mètre cube d'oxygène industriel.

Pour l'oxygène pur au-dessus de 90 $^0/_0$, le prix de revient sans la vente de l'acide carbonique sera de :

1,58 centime par mètre cube.

Récapitulation.

Nous avons trouvé, suivant les différents moyens de se procurer aujourd'hui la force motrice, les prix de revient immédiats suivants :

1°	Vapeur.	0°,51	par mètre cube d'oxygène industriel.
	»	0°,99	
	Vapeur.	1°,24	par mètre cube d'oxygène pur au-dessus de 90 $^0/_0$.
	»	2°,37	
2°	Force hydraulique.	0°,28	par mètre cube d'oxygène industriel.
		0°,75	
	Force hydraulique.	0°,68	par mètre cube d'oxygène pur au-dessus de 90 $^0/_0$.
		1°,80	
3°	Force électrique.	2°,55	par mètre cube d'oxygène industriel.
		2°,90	
	Force électrique.	5°,99	par mètre cube d'oxygène pur au-dessus de 90 $^0/_0$.
		7°,12	
4°	Moteurs à gaz.	0°,19	par mètre cube d'oxygène industriel.
		0°,66	
	Moteurs à gaz.	0°,46	par mètre cube d'oxygène pur au-dessus de 90 $^0/_0$.
		1°,58	

Il serait complètement inutile de prendre des moyennes de ces prix de revient, car cette moyenne n'aurait aucune signification commerciale, chaque cas portant avec lui ses conditions spéciales et définies.

Ce prix de revient oscille entre 0 et 7 centimes $^1/_2$ par mètre cube et cela pour toutes les qualités d'oxygène, même pur, dont la teneur dépasse 90 $^0/_0$.

Telle est la conclusion réelle qui se dégage de cette étude.

Nous trouvons également superflu de développer davantage ce sujet en tenant compte des *charges commerciales*. Elles sont en réalité d'un *effet minime* sur une forte production, correspondant à une usine sérieuse donnant par jour 100,000 mètres cubes d'oxygène.

Comme on peut *toujours* et dans *tous les cas* utiliser dans une usine la *force-vapeur* et les *moteurs à gaz*, nous pouvons sans aucune arrière-pensée affirmer que l'*oxygène industriel* fabriqué sur une échelle large et correspondant aux besoins d'une ville de 50,000 à 100,000 habitants, peut s'obtenir à un *prix inférieur* à UN CENTIME PAR MÈTRE CUBE.

Lorsque les installations sont plus petites, le prix de revient *s'élève* par suite des frais généraux qui restent presque constants, tandis que la production diminue.

Pour les petites installations la fabrication et la vente de l'acide carbonique n'offre guère d'intérêt. Tout le personnel du bureau technique, les ouvriers mécaniciens, aides, représentent des dépenses qui sont tout à fait en disproportion de la production quotidienne.

Enfin, les machines frigorifiques destinées à la deshydratation absolue de l'air comprimé ont à supporter des dépenses qui ne peuvent s'abaisser au-dessous de certaines valeurs minimales indépendantes de la production. Par contre, pour les très grandes installations le coût de l'*oxygène industriel* s'abaissera encore notablement.

Tout spécialement le prix de revient de l'oxygène industriel sera abaissé lorsque l'*azote* prendra une *valeur commerciale*. Ces temps sont proches, mais pas encore là.

L'obtention de l'hydrogène pur par la distillation du gaz à l'eau ouvrira également un débouché considérable à l'usine d'oxygène et, ainsi que nous le verrons plus loin, abaissera le prix de revient de ce gaz.

En somme, nous pouvons examiner maintenant l'*oxygène industriel* comme se présentant à la *grande industrie* et à l'*hygiène* au prix coûtant de UN CENTIME par mètre cube.

CHAPITRE III

LA PRODUCTION DES HAUTES TEMPÉRATURES PAR L'OXYGÈNE INDUSTRIEL.

Maintenant que nous avons de l'*oxygène* en grande quantité à *un centime* le mètre cube, il faut suivre son introduction dans l'industrie et chiffrer les progrès, les perfectionnements divers et l'*économie* qui résultent de son emploi.

Nous commencerons par l'obtention des hautes températures.

Rappelons les faits connus :

Si l'on combine ensemble :

$$\left.\begin{array}{l} 27,27 \text{ grammes de charbon et} \\ 72,73 \quad \ll \quad \text{d'oxygène} \end{array}\right\} \text{on obtient :}$$

_____

100,00 grammes d'*acide carbonique.*

La chaleur dégagée par cette réaction, lorsqu'elle est complète, est égale à environ *7700 calories* par kilo de charbon.

Si la température de la réaction s'élève au-dessus de 900° à 1000°, elle se transforme en celle-ci :

$$\left.\begin{array}{l} 42,86 \text{ grammes de charbon et} \\ 57,14 \quad \ll \quad \text{d'oxygène} \end{array}\right\} \text{on obtient :}$$

_____

100,00 grammes d'*oxyde de carbone.*

La chaleur dégagée par cette réaction n'est plus que de 3250 calories par kilo de charbon.

Si nous prenons la chaleur spécifique du charbon égale à 0,24 et celle de l'oxygène égale à 0,217, on voit que la combinaison chimique devrait élever la température à :

$$\frac{3250 \text{ calories}}{0,24 \times 1^k + 0,217 \times 1,333} = 6100 \text{ degrés centigrades.}$$

Les expériences nombreuses permettent de prouver que la température maximale atteinte par cette réaction ne dépasse pas 3200° à 3400° centigrades. A cette température élevée, la *dissociation* intervient. Du *charbon* et de l'*oxygène* non combinés s'échappent au dehors pour brûler à une température inférieure.

Donc la limite des températures, en brûlant sous la pression atmosphérique du charbon dans de l'oxygène pur, ne dépasse pas 3400° environ.

Lorsqu'on brûle le charbon dans l'air atmosphérique, l'azote, gaz inerte, passe dans la flamme et accompagne l'oxygène.

C'est *obligatoire*.

La constitution de l'air en volumes étant :

79 parties d'azote et 21 parties d'oxygène, la combustion du charbon dans l'air atmosphérique ne peut pas dépasser une certaine limite supérieure sans artifices spéciaux.

En effet, pour brûler 1 kilogramme de charbon dans les conditions nécessaires pour obtenir les plus hautes températures, il faut obligatoirement 1 kilo de charbon, plus 1 kilo 333 d'oxygène, plus 5 kilos 015 d'azote. Tous ces poids de matières réunis représentent pour la somme des chaleurs à fournir *par degré :*

$$1^k \times 0,24 + 1^k 333 \times 0,217 + 5^k 015 \times 0,244 = 1,753$$

La chaleur totale de cette réaction ne donnant que 3250 calories, la température maximale que l'on peut atteindre directement est :

$$\frac{3250}{1,753} = 1857 \text{ degrés centigrades}[1]$$

---

[1] Dans ce calcul nous n'avons pas tenu compte de l'augmentation de la valeur des chaleurs spécifiques avec la température.

Ainsi, bien que la température théorique élève les gaz de la combustion à 3300° sans qu'ils soient *complètement brûlés*, l'azote introduit permet aux gaz de *brûler complètement* et malgré cela la température ne dépasse pas 1800° environ.

On voit de suite le rôle que joue l'azote dans toutes les combinaisons ; c'est le *voleur* de chaleur par excellence. Il se chauffe en parasite, emporte dans sa propre masse une quantité énorme de chaleur, rend impossible l'obtention des hautes températures et s'écoule au dehors pour restituer ce qu'il a pris.

Au moyen de *réchauffeurs* on a tâché dans l'industrie de reprendre en partie aux gaz qui s'échappent ces énormes quantités de chaleur fournies au détriment du charbon et perdues dans les cheminées.

Grâce à d'ingénieux et coûteux appareils on a réussi à élever la température des foyers en surélevant la température de l'air qui y pénètre ; c'est ainsi que péniblement on atteint 1900 à 2000° environ dans les foyers les plus perfectionnés.

A ces températures élevées la quantité réellement utilisable de la chaleur produite est extrêmement faible.

Toutes les forges, les cubilots, les poudlages, etc., etc., dépensent un poids de charbon. en réalité, hors de proportion avec la *chaleur utilisée*. La plus grande quantité s'est enfuie au dehors.

Le *principal rôle* de l'*oxygène industriel* est de transformer radicalement cet état de choses.

En modifiant selon les besoins le poids ou le volume de l'azote que l'on associe à l'*oxygène,* dans la combustion, on règle à volonté la température du foyer et on peut l'abaisser très aisément de 3300°, température supérieure à 900° ou 1000°, température fréquemment employée.

Lorsque l'on parle de forger du fer par exemple il suffit de porter le fer à une température de 800° à 1000° tout au plus.

Mais pour obtenir cette température dans une forte masse de

fer ou d'acier, il est indispensable que la flamme qui l'enveloppe soit *plus chaude*.

Plus elle sera chaude et plus vite la chaleur pénétrera dans la masse de fer.

Si en même temps on peut obtenir une flamme *réductrice*, la surface du métal conservera tout son éclat et autorisera l'exécution de *soudures autogènes* impossibles avec des flammes oxydantes.

Or tout cela, tout ce programme est complètement réalisé par un emploi méthodique et judicieux de l'oxygène industriel.

Voici d'abord l'équation théorique qui détermine la température de la flamme : Nous acceptons pour une première approximation que l'élévation de la température est proportionnelle aux poids relatifs des gaz comburants et inertes. Cette hypothèse est vraie ou très voisine de la vérité pour toutes les températures au-dessous de 3000°.

Au-dessus la fonction linéaire se transforme en une exponentielle et les résultats numériques ne seraient plus exacts.

Appelons x une quantité en poids d'azote à introduire avec 1 kilogramme de charbon pour obtenir une *température quelconque* T centigrade lorsqu'on brûle ce charbon dans l'oxygène pur.

L'équation suivante nous donne la solution.

Il faut d'abord 1 kilo de charbon

et   1 k. 333 d'oxygène

puis x kilo d'azote.

Ces trois corps ramenés en valeur d'eau, par leur chaleur spécifique donnent :

$$1 \text{ k.} \times 0{,}24 + 1 \text{ k.} 333 \times 0{,}217 + x \times 0{,}244 =$$
$$0{,}529 + x \, 0{,}244 \text{ calories.}$$

Pour une température à obtenir de T, comprise entre 1800° et 3000°, on aura la relation :

$$x = \frac{3250}{0{,}244 \, \text{T}} - \frac{0{,}529}{0{,}244} = \textit{poids d'azote par kilog. de charbon brûlé.}$$

Cette équation est la clef de tous les problèmes.

On peut d'avance savoir *exactement* la teneur en azote de l'oxygène industriel à employer pour conserver indéfiniment une température quelconque entre 1000° et 3000°.

La solution immédiate de ce problème était totalement *impossible* par l'usage unique de l'air atmosphérique.

L'emploi de *récupérateurs de chaleur* n'était qu'une solution boiteuse.

Il se trouve ainsi qu'avec une *grande économie de charbon* et par combustion directe, on peut élever la température des foyers de plus de *mille degrés*.

Dans le voisinage de 1000° à 1100° la flamme ordinaire de la forge ne communique la chaleur que par une différence de température très faible. La flamme et les charbons ardents sont à une température comprise entre 1200° et 1800° au maximum, la pièce de fer à réchauffer est déjà à 800° ou 900°; pour lui faire atteindre la température désirée de 1000° à 1200° il faut *beaucoup de temps* et *beaucoup de charbon*.

Si la flamme, grâce à l'oxygène industriel, élève sa température à 3000° ou 3200°, immédiatement la chaleur pénètre la masse de fer et il y a, soit pour *le temps*, soit pour *le charbon*, une diminution de dépense qui est d'autant plus grande que la température s'élève davantage. Au-dessus de 1800° *l'économie* ne peut plus se mesurer puisqu'on entre dans un domaine interdit à la combustion ordinaire du charbon.

Ici se place une observation qui prouve combien la fabrication de l'oxygène industriel est utile en opposition avec *l'oxygène pur*.

Si nous calculons quelle serait la température de 1 kilo de charbon brûlant dans de l'oxygène industriel ayant 50 % d'oxygène et 50 % d'azote, nous appliquons la formule et nous trouvons :

3800° centigrades!

A cette température la dissociation intervient et empêche l'oxygène et le charbon de brûler en totalité! la température reste voisine de 3200°!

Il est donc absolument *inutile* de lancer dans les foyers de l'oxygène pur ; c'est une perte sèche de charbon et d'oxygène qui n'élève la température que de peu de degrés, mais au détriment de la dépense.

Nous pensons par ce qui précède avoir suffisamment développé le sujet et nous pouvons conclure de la façon suivante :

1° *L'oxygène industriel,* à raison de 50 °/₀ d'oxygène et 50 °/₀ d'azote, permet d'atteindre directement et *sans réchauffeur récupérateur* les plus hautes températures qui sont réclamées par les besoins de l'industrie contemporaine.

2° L'économie du *charbon* dans tous les foyers à haute température peut devenir considérable ; on peut dans bien des cas économiser plus des *trois quarts du poids du combustible.*

3° L'économie du *temps* dans le chauffage des grosses pièces est des plus importantes.

4° Le *réglage de toutes les hautes températures* peut s'effectuer facilement par la simple proportion du mélange de *l'oxygène* avec *l'azote* ou du mélange de l'oxygène industriel avec de l'air atmosphérique.

5° L'*oxygène industriel,* insufflé dans les foyers, ajoute *600°* aux températures les plus élevées qu'on puisse obtenir par la combustion directe du charbon dans les foyers actuels. C'est un domaine nouveau mis à la portée de la *métallurgie* et de la *chimie* actuelles.

CHAPITRE IV

Les applications de l'*oxygène industriel* dans la métallurgie sont innombrables.

Nous ne pouvons ici que les esquisser sommairement, car il faudrait des volumes pour un développement normal du *bouleversement* que ce facteur puissant apporte dans cet immense domaine.

Comme marche logique nous parlerons d'abord du traitement des *minerais*.

C'est prendre le métal dès son origine et le suivre dans le travail de réduction et d'affinage.

Hauts-Fourneaux.

Le minerai de *fer normal* se compose d'une gangue détenant l'oxyde de fer, associé souvent à une foule d'impuretés, soufre, silice, phosphore, antimoine, chaux, alumine, cobalt, nickel, titane, chrôme, etc., etc.

La gangue peut être quartzeuse, silicieuse, etc. Le problème consiste à traiter ces minerais par deux phases successives:

1° La phase de réduction.

2° La phase de première fusion.

Pour réduire le fer oxydé on se sert de couches superposées de coke ou d'anthracite et de minerais.

Des machines soufflantes chassent un puissant courant d'air

de bas en haut au travers de toute la masse des couches superposées.

Le charbon transforme l'oxygène de l'air en *oxyde de carbone* et celui-ci se retransforme en *acide carbonique* en s'emparant peu à peu de l'oxygène chimiquement associé au fer dans le minerai. Au fur et à mesure que les couches descendent dans l'intérieur du haut-fourneau elles sont portées à des températures plus élevées, suffisantes pour fondre la gangue.

Le *fer réduit* fond aussi et dans le bas du *haut-fourneau* par l'orifice de coulée on laisse s'échapper le *laitier* et le *fer coulant* ou *gueuse*, fer de première coulée.

Ce fer est loin d'être pur, il contient encore une foule d'impuretés retenues dans le fer liquide par dissolution, alliage, mixture.

On le porte alors dans les *convertisseurs* pour l'affiner.

Application de l'oxygène industriel dans les hauts-fourneaux.

Si nous faisons entrer au bas des hauts-fourneaux de l'*oxygène industriel* nous savons que nous pouvons d'avance calculer exactement la température que nous atteindrons.

Or lorsque le fer est fondu, si on élève sa température progressivement, on peut brûler toutes les *impuretés qu'il contient* en le mettant en contact intime avec de l'oxygène.

Le charbon, la silice, le soufre, le phosphore, etc., etc., toutes ces impuretés brûlent *avant le fer lui-même*.

Si nous connaissons la nature du minerai par une *analyse exacte* nous savons d'avance :

1° Quelles sont les impuretés qui se trouvent dans le fer.

2° Quel est la proportion de chacune en poids.

3° Quelles sont les températures successives que le fer liquide doit traverser en contact avec l'oxygène pour brûler totalement ces impuretés.

4° Quelles sont les quantités d'oxygène qu'il faut apporter au fer en fusion pour obtenir la combustion complète de ces impuretés.

En somme l'*oxygène industriel* introduit aux différentes *bonnes places* dans le bas du haut-fourneau agit directement comme le courant d'air dans les *convertisseurs*.

Le fer s'affine à sa sortie et coule hors du haut-fourneau comme il le ferait hors du convertisseur.

Mais si tel est déjà le résultat absolument nouveau que l'oxygène industriel permet d'obtenir au bas du haut-fourneau, il y en a un tout aussi considérable et important que l'on peut constater dans les régions moyennes et supérieures du haut-fourneau.

La quantité d'azote introduite dans les *buses* de la soufflerie est *très réduite* puisqu'on envoie de l'oxygène industriel.

La tension de l'*oxyde de carbone* est donc très supérieure dans les couches du minerai.

La réduction des oxydes métalliques est donc facilitée et activée par deux facteurs importants :

La tension de l'oxyde de carbone s'accroit sensiblement sur tout le parcours des gaz.

La température des couches du minerai est plus élevée puisque les gaz sortent de la zone de fusion à une température sensiblement plus haute que par l'emploi de l'air atmosphérique.

Il résulte de cela une transformation profonde dans le fonctionnement général d'un haut-fourneau :

La *qualité* des coulées est très supérieure comme valeur du métal obtenu d'emblée.

La *rapidité* de la réduction du minerai et la parfaite réduction de tout le minerai sont assurées dans toutes les couches superposées du haut-fourneau.

La *fusion facile* des gangues est facilitée par l'élévation des températures.

On voit immédiatement la portée théorique et pratique de l'oxygène industriel dans le travail des minerais de fer.

Certains minerais de fer, ceux au *titane*, au *chrome* sont réputés *infusibles* par les procédés ordinaires.

Nous avons fait à Gjerde en Norvège, l'an passé, une étude de gisements de fer au titane qui sont sortis parfaitement *intacts* d'un haut-fourneau.

Plusieurs sociétés ont essayé à différentes reprises l'exploitation de ces minerais très riches puisqu'ils contiennent jusqu'à 65 $^0/_0$ de fer et 10 à 15 $^0/_0$ de titane.

Jamais ces minerais traités dans les hauts fourneaux les plus parfaits n'ont pu être, ni réduits, ni fondus.

Avec l'oxygène nous les avons réduits et fondus avec la plus grande facilité.

Ce sont d'immenses gisements de millions de tonnes rendus à l'exploitation.

Ils représentent une grande montagne de fer magnétique qui dévie les compas des bateaux à plusieurs milles en mer au nord du Sonn-Fjord en Norvège.

Application de l'oxygène industriel dans les convertisseurs.

Il est clair qu'on peut également souffler de l'oxygène industriel dans les convertisseurs au lieu de l'air ordinaire.

L'opération est conduite comme avec l'air atmosphérique, seulement elle est plus active, plus rapide et débarrasse plus vite et plus complètement le fer fondu de toutes ses impuretés.

La fabrication du *fer doux* et de *l'acier* est donc grandement facilitée et améliorée par l'emploi de l'oxygène industriel.

Application de l'oxygéne industriel dans les constructions mécaniques en fer.

Nous savons que la flamme du gaz avec l'oxygène industriel peut donner toutes les températures désirables suivant le réglage des gaz comburants et de *l'azote* qui joue le rôle de *modérateur*.

En réglant les flammes *réductrices* à une température voisine de 2000° à 2500°, on peut *souder* toutes les pièces de fer et d'acier avec la plus grande facilité. Le métal se comporte admirablement dans la flamme réductrice. Il devient incandescent et reste absolument décapé et propre, par simple martelage modéré, à faciliter toutes les *soudures autogènes*.

Cette application industrielle est si importante que malgré le prix élevé de l'oxygène actuel (de 4 à 6 francs par mètre cube,) une foule de constructeurs l'emploient déjà pour exécuter des *merveilles* en soudures de tôles, de tuyaux d'acier, d'autoclaves, etc., etc.

Les ouvriers habiles au maniement du chalumeau oxhydrique ressemblent aux souffleurs de verre de Venise faisant ces ravissants vases artistiques avec leur dextérité proverbiale ! Les mécaniciens soudeurs luttent de finesse et d'art dans leurs travaux admirables.

D'ici à quelques années et cela, d'accord avec toutes les compagnies de chemin de fer, de navigation *et les compagnies d'assurances*, on ne verra plus de rivet pour lier les tôles des chaudières, des ponts, des navires, etc., etc. Les ponts seront d'une *seule pièce*, plus d'accidents si fréquents dus au cisaillement des rivets.

Les navires seront d'une seule coque en un seul morceau ! plus de rupture de tôles dues aux mêmes causes pendant les tempêtes ; la fêlure progressive des boulons devient impossible.

Les navires seront de grandes pirogues en fer.

Les locomotives auront comme chaudière une bouteille en fer soudé.

La soudure par l'oxygène industriel et le gaz hydrogène *sera la règle*.

Applications de l'oxygène industriel à la forge.

Nous avons déjà parlé précédemment du rôle important des foyers alimentés par l'oxygène industriel pour la forge des grosses pièces de fer et d'acier.

Pouvant élever la température des foyers à volonté on porte très rapidement les pièces aux températures voulues pour les forger. Ajoutons que l'on dispose toujours d'un courant d'*azote* dans toutes les usines d'oxygène ; donc lorsque les pièces sortent tout éclatantes du feu et loin de la *flamme réductrice*, l'oxygène de l'air attaque la surface extérieure et forme de minces couches d'oxyde de fer.

Si on projette un courant d'azote autour des pièces chaudes on préviendra complètement cette oxydation superficielle.

Rien n'est plus facile que d'envelopper totalement ces pièces d'acier ou de fer rougies au feu d'une atmosphère artificielle d'azote.

L'économie du charbon à la forge sera très certainement de plus de la *moitié du charbon brûlé actuellement*.

L'économie des *frais généraux* sera encore plus considérable à cause de la suppression des pertes de temps impossibles à éviter aujourd'hui. Tous les forgerons et les machines-outil auront une activité bien plus grande.

Le *rendement* des forges sera très sensiblement augmenté par l'introduction de l'oxygène industriel.

Applications de l'oxygène industriel au traitement du cuivre, du nickel, de l'or, etc.

Tous les minerais des différents métaux usuels et même des métaux précieux trouveront un auxiliaire très puissant pour leur traitement dans l'oxygène industriel.

Soit par la fusion des gangues, soit par l'action impérieuse de la réduction due à la tension de l'oxyde de carbone, soit par l'élévation de température permettant le rafinage des métaux, etc., etc., dans tout ce domaine si colossal de la métallurgie générale on se servira avec succès et grande économie de ce gaz nouveau par son prix et ses qualités caractéristiques.

Il suffit ici d'indiquer ces sujets par des têtes de chapitres.

La fusion des métaux précieux et le travail du quartz, du platine et de l'iridium entrent dans une voie nouvelle par l'application rationnelle de l'oxygène industriel.

CHAPITRE V

Application de l'oxygène industriel a l'éclairage.

Ici on peut dire sans arrière-pensée que l'oxygène industrie arrive en *maître*.

L'éclairage nouveau, tant par sa *qualité*, son *bon marché*, sa *facilité*, que par la rapidité avec laquelle il peut s'établir et transformer du même coup les usines à gaz actuelles, présente des avantages si colossaux et si indiscutables qu'il est certain que dans un temps court on en *verra l'adoption* universellement recommandée et acceptée.

Nous allons donner à ce sujet si actuel et si intéressant quelques développements indispensables à la compréhension exacte de cette évolution dans l'éclairage moderne.

L'*éclat* d'un corps lumineux n'est pas proportionnel à sa température !

La quantité de lumière qu'il émet augmente environ comme la *quatrième et demie puissance de la température absolue à laquelle il est porté*.

Ce fait est capital en éclairage.

On voit par là qu'en élevant, seulement de quelques degrés, la température d'un corps lumineux comme un manchon incandescent d'un bec Auer, on augmentera la quantité de lumière qu'il émet d'une façon remarquable.

Il y a donc tout à gagner à obtenir les températures les *plus élevées* pour chauffer un corps solide appelé à devenir une source de lumière dont nous voulons jouir et profiter pour nos usages domestiques.

Cette règle est formelle.

Depuis plusieurs années une légion de chercheurs se sont mis à l'œuvre et ont doté nos appareils, destinés à produire la lumière, d'une foule de perfectionnements.

Il faudrait une longue nomenclature pour rappeler depuis Argand, Quinquet, la lampe modérateur, la Carcel, la lampe à incandescence, le bec Auer, l'arc électrique, etc., etc., toutes les transformations de l'éclairage.

Laissant de côté pour l'instant ce qui touche à l'éclairage par l'électricité et nous bornant à l'éclairage par *la combustion,* nous pouvons établir que les progrès n'ont été réalisés que par une seule et invariable méthode : élever la température des corps chauffés, assurer une parfaite combustion des liquides ou gaz alimentant la lumière.

Les lampes à *double courants d'air* ont été les premières applications qui ont transformé l'éclairage primitif.

Les becs à incandescence, qui ont utilisé l'élévation de température des flammes due à l'apparition du bec Bunsen, ont été la seconde transformation complète des procédés utilisés généralement pour se procurer la lumière.

Chose singulière et remarquable, plus on s'est appliqué à tuer le pouvoir éclairant du gaz en le mélangeant à l'air avant sa combustion, plus les augmentations de lumières produites par les manchons incandescents ont été considérables.

Les manchons Auer de bonne qualité, alimentés par un fort appel d'air, ou par un courant d'air comprimé, donnent aujourd'hui les foyers les plus répandus et les plus lumineux.

La température de ces manchons atteint au maximum environ 1300° à 1400°, c'est à peu près la température limite des flammes qui brûlent autour de ces tissus légers imprégnés d'oxydes métalliques réfractaires.

En mettant des compteurs exacts sur la canalisation du gaz d'*éclairage ordinaire* et en mesurant au photomètre l'éclat du manchon incandescent, on trouve qu'il faut brûler environ 2 litres de gaz par *bougie heure*.

Ainsi un bec consommant 100 litres à l'heure donne environ *50 bougies*.

Remplaçons maintenant l'air atmosphérique dans un bec à incandescence par l'*oxygène industriel*.

Voici ce que l'on constate immédiatement :

1º la température de la flamme atteint spontanément le maximum de 3000° à 3200°.

2º Cette température est atteinte quelque petit que soit le débit, pourvu que la combustion des gaz soit complète et régulière.

Ainsi avec l'*oxygène industriel* au lieu d'être obligé de faire un appel continu de fortes masses d'air, il suffit de laisser passer sous faible pression, le gaz d'éclairage et l'oxygène industriel en *très petites quantités* pour obtenir spontanément le *maximum de température*.

Cela bien établi, imaginons que nous puissions garantir contre le refroidissement le manchon incandescent et porté à 3000°.

Il suffira alors pour conserver une intense source de lumière de brûler exactement la quantité de gaz nécessaire pour combler les pertes de chaleur.

Le rayonnement de la lumière ne compte pour ainsi dire pas comme dépense d'énergie.

La construction du brûleur est donc toute autre que celle du bec Auer.

Dans ces nouveaux brûleurs on paralyse le plus possible l'apport des gaz en enrayant par des dispositions particulières la perte de chaleur et les courants accessoires. On ne brûle que le *strict nécessaire* pour conserver les hautes températures.

Grâce à ces détails de construction, l'oxygène industriel et le gaz d'éclairage se combinent dans les mailles mêmes du tissu léger qui constitue le manchon à incandescence.

Ce manchon est donc chauffé *au maximum* puisqu'il assiste à la combinaison moléculaire.

La température, selon les dispositions adoptées, est comprise entre 2700° et 3200° suivant que les mélanges sont plus ou moins intimes, tantôt l'oxygène entrant par l'intérieur du manchon et le gaz d'éclairage brûlant à l'extérieur, tantôt renversant l'ordre des courants gazeux.

Une question très grave se posait aussi pour la construction de ces manchons.

Comment les fabriquer? Avec quelles substances? Portés à 3000° ils doivent fondre, les oxydes se volatiliseront, abandonneront ce fragile support de coton brûlé, ce squelette si ténu qu'un souffle suffit pour le disperser en poussière impalpable!

Ici ce n'est pas la *théorie* qu'il faut consulter; ce sont les expériences et les recherches de laboratoire qui ont la parole.

C'est seulement par la méthode directe et, disons-le, *empyrique* que nous sommes arrivés à la construction de manchons excellents.

Contre toute attente les résultats ont dépassé nos espérances.

On pouvait craindre que ces manchons n'eussent qu'une résistance infiniment faible, on pouvait surtout s'attendre à les voir très rapidement perdre leur *pouvoir émissif* et s'évaporer en peu d'heures.

Au lieu de cela nous avons eu la bonne fortune de trouver des oxydes terreux qui donnent à ces manchons une résistance très supérieure à celle des *manchons Auer*.

Les hautes températures leur conviennent si bien qu'ils *se durcissent* spontanément et présentent une résistance inconnue jusqu'ici.

On peut manier à la main un manchon qui a servi, il est devenu un peu élastique.

La chute sur le sol d'un manchon est presque sans danger.

La longévité est des plus variables suivant le traitement qu'il supporte.

Dans tous les cas cette longévité *dépasse 200 heures* de combustion continue, c'est un minimum de durée suffisant pour assurer la bonne marche de l'éclairage public et privé.

Avec ces manchons et les mesures rigoureuses de photométrie, nous pouvons garantir que chaque litre, mélange d'oxygène industriel et de gaz d'éclairage par parties égales, donne d'une façon normale un *minimum de 2 bougies heure.*

Ce résultat est un minimum absolument garanti pour tout brûleur bien construit. La fabrication des manchons comporte des terres spéciales, mais le prix est plutôt *inférieur* à la fabrication des manchons du système Auer.

Nous avons réussi à *teinter* l'éclat des manchons : bleuté, orangé, rose jaune et blanc brillant semblable comme lumière à celle du jour.

La *divisibilité* de la lumière est tout à fait respectée dans l'utilisation de l'oxygène industriel pour l'éclairage domestique et public.

Nous avons des becs de 50 bougies, d'autres de 100 bougies, puis 200 et 500 bougies.

Les consommations en gaz et oxygène restent sensiblement proportionnelles aux quantités de lumière obtenue, avec un léger avantage cependant pour les becs de faible puissance.

L'éclairage des rues, des gares, des cafés, des théâtres, des annonces *sera transformé* par ces becs intenses dont la longueur d'onde lumineuse moyenne est à très peu près celle du soleil.

Aucune modification des couleurs ne se laisse percevoir par l'éclairage de nuit.

Les étoffes, les tableaux, conservent les valeurs relatives des teintes employées.

Application de l'oxygène industriel à la fabrication du gaz à l'eau.

Nous faisons ici une petite incursion dans les applications de l'oxygène à la chimie, mais elle s'impose en parlant de l'éclairage.

En effet le *gaz d'éclairage* peut être totalement remplacé par le *gaz à l'eau.*

Le gaz à l'eau peut être fabriqué d'une façon des plus économiques et avec marche continue sans *courants alternatifs* par l'utilisation de l'oxygène industriel.

Les avantages immenses de cette transformation sautent aux yeux lorsqu'on suit les développements suivants :

Aujourd'hui pour obtenir *un mètre cube* de gaz d'éclairage par la distillation de la houille, il faut mettre 3,2 kilos de bonne houille dans les cornues.

Il est vrai que l'on obtient à côté du gaz, les sous-produits : eaux ammoniacales, coke, goudron et toute la série des matières premières pour les couleurs d'aniline.

Par contre il faut la main-d'œuvre gigantesque pour le service des cornues et les difficultés sans nombre pour la purification du gaz.

La chaleur de combustion d'un gaz d'éclairage normal est comprise entre 4200 et 5200 calories.

Ce gaz brûle avec *clarté* au contact de l'air.

La combustion directe du gaz par le moyen de becs *papillon,* de brûleurs Bengel, etc., diminue d'une façon rapide et le gaz n'est presque plus utilisé aujourd'hui que par le moyen des becs à incandescence, système Auer.

Le pouvoir lumineux du gaz, tué par l'introduction de l'air avant sa combustion, est cependant presque décuplé par le *manchon Auer.*

Le gaz sert à la production de *chaleur* pour la cuisine et les besoins du chauffage domestique.

Il sert aussi à la force motrice dans les moteurs à gaz.

Or il se trouve qu'en envoyant un courant de *vapeur d'eau* et d'*oxygène industriel* intimement mélangés, dans une colonne de coke et de charbon en ignition on réalise les phénomènes suivants :

La vapeur d'eau *se dissocie* au contact du charbon porté à 1200° ou 1300° de température.

Chaque kilogramme d'hydrogène obtenu par cette dissociation absorbe *32000 calories* environ. 1 kilogramme d'hydrogène représente comme on le sait 13 mètres cubes sous la pression atmosphérique et à la température ordinaire.

Cette absorption de chaleur n'est composée *qu'en partie* par la combustion du charbon par l'*oxygène libre* qui se dégage de la molécule d'eau et forme de l'oxyde de carbone.

La température du charbon s'abaisserait donc *très vite* si l'on n'introduisait simultanément avec la vapeur d'eau une certaine quantité d'*oxygène industriel* calculée de telle sorte que l'abaissement de température, dû à la dissociation de la vapeur d'eau, soit exactement compensé et annulé par l'élévation de température produite par la combustion du charbon par l'oxygène simultanément introduit.

De cette façon l'équilibre thermique étant complètement rétabli, la température du charbon incandescent reste *constante*.

On a soin de conserver ainsi une température de 1200° à 1300° suffisante pour empêcher toute production sensible d'*acide carbonique*.

Le résultat de l'opération chimique et physique est le suivant :

1° La vapeur d'eau se dissocie presque totalement en oxygène et hydrogène.

2° L'oxygène, plus l'oxygène industriel apporté par la vapeur d'eau, se transforment intégralement en oxyde de carbone.

3° L'hydrogène de l'eau et l'azote de l'oxygène industriel traversent indemnes toute la masse de charbon en ignition.

4° La haute température des gaz à la sortie du générateur suffit pour produire toute la vapeur nécessaire à l'alimentation de la fabrication.

5° L'opération est absolument continue.

Ces avantages sont consacrés par de nombreuses expériences.

On obtient ainsi 3,6 mètres cubes de gaz à l'eau par kilogramme de coke ou d'anthracite. Chaque mètre cube de ce gaz donne environ 2500 à 2600 calories.

Ce gaz contient de 38 à 45 $^0/_0$ en volume d'hydrogène et 55 à 62 $^0/_0$ d'oxyde de carbone associés à une petite quantité variable suivant les cas d'azote.

Si nous comparons la quantité de chaleur que l'on peut obtenir du charbon en le transformant en gaz par l'ancien procédé ou par le nouveau, on voit que 1 kilo de charbon distillé pour en faire du gaz de houille ne donne que :

$$\frac{4200 - 5000}{3.2} = \text{de 1312 à 1562 calories.}$$

tandis que transformé par l'oxygène industriel en gaz à l'eau, il donne :

$$3 \text{ m}^3.6 \times 2500 = 9000 \text{ calories.}$$

Soit *6 fois plus de chaleur* par kilogramme de charbon employé.

Nous avons en compensation, du côté du gaz de houille, le coke qui sort des cornues.

Ce gaz à l'eau, purifié très aisément, est susceptible de remplir tous les emplois comme source de chaleur, feu sans fumée, comme éclairage, comme force motrice.

Etant donné qu'il est très riche en oxyde de carbone, il est possible de lui enlever une forte proportion de ce gaz que l'on brûle dans les moteurs de l'usine pour faire marcher les compresseurs de l'air atmosphérique.

Pour cela il suffit de traiter le gaz à l'eau comme on a traité l'air atmosphérique. La liquéfaction de l'oxyde de carbone s'obtient plus facilement que celle de l'azote, et l'hydrogène associé a 10, 15 ou 18 $\%$ d'oxyde de carbone, est lancé dans les canalisations de la ville.

La fabrication du gaz à l'eau est des plus simples, elle prend très peu de place, exige peu de main-d'œuvre et marche sans arrêt et sans aucune alternance dans la direction des courants gazeux.

Prix de l'éclairage par le gaz ordinaire, par le gaz à l'eau et l'oxygène industriel.

Le prix du gaz à l'eau est *très bas*.

Avec 1 kilo de charbon on obtient 3,6 mètres cubes.

Si l'on compte tous les frais généraux, c'est entre 1 et 2 centimes que l'on peut estimer le prix de revient du mètre cube.

Pour estimer le prix de la lumière par l'emploi du gaz d'éclairage et du gaz à l'eau, nous pouvons établir le compte ainsi que suit :

$$\text{Gaz ordinaire 20 cent. le m}^3.$$

100 litres gaz ord. coûtent 2,0 centimes.

100 » oxygène » 0,1 »

Total 2,1 par bec.

Ce bec incandescent donne 400 bougies.

Pour obtenir 400 bougies par les meilleurs becs Auer, il faut brûler 800 litres de gaz.

Soit *16 centimes*.

L'avantage par l'emploi de l'oxygène industriel est une économie de 13,9 centimes. Si l'on vend l'oxygène 10 centimes le mètre cube, l'économie est encore de *13 centimes*.

Gaz à l'eau.

Calculons d'abord le prix de la lumière au prix de revient.

100 litres de gaz à l'eau 0,2 centimes

100 » d'oxygène . . 0,1 »

Total pour 200 litres 0,3 centimes.

On obtient 400 bougies pour 0,3 centimes.

Calculons au prix de vente :

Gaz à l'eau . 10 centimes.

Gaz oxygène 10 »

On a alors :

100 litres de gaz à l'eau 1 centime.

100 » d'oxygène . . 1 »

2 centimes.

On obtient pour 2 centimes heure 400 bougies.

C'est *huit fois* moins coûteux que le meilleur bec Auer actuel.

La comparaison avec tous les autres systèmes d'éclairage est superflue car elle donne des résultats encore plus remarquables.

Un seul exemple fera mieux ressortir l'éloquence de ces chiffres:

Paris consomme actuellement 300,000,000 de mètres cubes de gaz annuellement et vend le mètre cube 20 centimes.

En fabriquant 300,000,000 mètres cubes de gaz à l'eau et 300,000,000 mètres cubes d'oxygène et vendant les deux gaz à 10 centimes, la ville ferait un bénéfice de

51,000,000 **de francs annuellement**

rien que sur l'éclairage.

Tous les autres emplois de l'oxygène industriel qui doubleraient encore la production ajouteraient certainement dans un délai restreint de 25 à 30 millions de bénéfices.

Chauffage.

Le gaz à l'eau donnant par sa combustion autant et plus de chaleur que le charbon (à cause de la haute température à laquelle on a soustrait l'hydrogène), il est plus commode pour tous les habitants d'une ville de s'en servir comme moyen de chauffage.

Du même coup on *supprime presque toute la fumée d'une grande ville.*

Cet avantage est considérable.

Plus de transport de charbon à domicile, dans les appartements, on tourne un robinet et c'est tout.

Le prix du gaz baissera certainement lorsque son emploi le généralisera de plus en plus pour tous les usages domestiques.

Force motrice.

Les moteurs à gaz fonctionnent d'autant mieux que le gaz à l'eau ainsi obtenu est plus pur et exempt de dépôts divers.

Il suffit de 600 litres de gaz à l'eau pour produire un cheval heure.

Le prix de la force motrice par les moteurs à gaz sera ainsi, même pour les petites installations, au-dessous du prix de revient correspondant à celui des meilleures machines à vapeur.

On voit par tout ce qui précède que l'éclairage public et privé est *radicalement transformé* tant comme qualité que comme économie par l'application sur une large échelle de l'oxygène industriel.

CHAPITRE VI

Applications de l'Oxygène Industriel
aux Produits Chimiques.

Nous avons exposé dans le chapitre précédent une application de l'oxygène à la préparation continue et en grandes quantités du *gaz à l'eau*. Cette application n'est qu'un exemple qui trouvait sa place toute naturelle dans le chapitre de l'éclairage. Une foule d'autres emplois se présentent en chimie, nous ne pouvons ici que les passer en revue très cursivement, simplement pour faire comprendre la portée industrielle de l'introduction de ce gaz indispensable aux synthèses des *corps oxygénés*.

Acide sulfurique anhydre.

En remplaçant l'air atmosphérique par l'oxygène industriel ou par l'oxygène pur, on facilite considérablement la réaction de l'acide sulfureux anhydre avec l'oxygène sous l'action catalitique de l'amiante platinisée.

La réaction est totale au lieu d'être partielle et les gaz sont complètement absorbés au sortir du four de combinaison.

La qualité du produit obtenu est supérieure et la température de la réaction moins élevée. En somme, cette immense industrie de la fabrication synthétique de l'acide sulfurique a tout à gagner à utiliser l'oxygène produit par la distillation de l'air atmosphérique.

Acide azotique.

Cet acide, qui joue un rôle de plus en plus grand dans l'industrie chimique, est *réclamé* avec force par *l'agriculture*.

L'introduction des *engrais artificiels* devient de jour en jour une *nécessité* pour rendre à nos terrains passablement épuisés, une fécondité qu'appelle impérieusement l'énormité des besoins des grands centres de population.

On sait que tous les *engrais* pour être efficaces et soutenir les rendements des cultures, céréales, légumes, etc., etc., doivent être riches en *azote*.

L'oxygène industriel, étant un mélange d'oxygène et d'azote permet la réaction synthétique AzO^5 obtenue par l'action catalitique de certains corps sous l'influence de l'effluve électrique et de la chaleur.

Les résultats acquis à ce jour permettent d'avoir la certitude d'obtenir dans un temps prochain 250 à 300 grammes d'acide azotique fumant avec 1 cheval-heure.

Dans ce cas, *l'acide azotique* et *tous les engrais* pourraient entrer par la grande porte dans le domaine des applications à l'agriculture sans aller en Amérique demander aide, ni payer tribut pour les salpêtres naturels en voie d'épuisement.

Le prix de l'acide azotique serait dans ce cas le *quart* ou moins du quart des prix actuels.

Hydrogène pur.

En parlant du gaz à l'eau nous avons vu que ce gaz contient comme éléments presqu'uniques de l'hydrogène pur et de l'oxyde de carbone.

En appliquant les procédés de séparation par voie de distillation, l'oxyde de carbone se sépare en totalité si on le désire.

L'écart des points d'ébullition entre l'hydrogène et l'oxyde de carbone est si considérable que la rectification porte le titre de l'hydrogène d'un seul coup à 99,9 %.

L'hydrogène *seul* peut s'échapper de l'appareil aussi purifié qu'on le désire.

Le prix de l'hydrogène pur, obtenu par distillation du gaz à l'eau et utilisation de l'oxyde de carbone pour alimenter les compresseurs nécessaires, est abaissé à moins de 5 centimes par mètre cube.

L'*aérostation* de tous les pays utilisera cet hydrogène comprimé pour remplir les ballons. C'est déjà aujourd'hui un commerce très important; le prix de ce gaz est encore à cette heure compris entre 75 centimes et 1 franc en grandes quantités.

Le prix de la compression à 100 atmosphères et le transport dans un rayon de 100 kilomètres augmentent le prix de revient de 5 à 10 centimes. On pourra donc avoir de l'hydrogène pur comprimé pour 15 centimes rendu à destination dans un périmètre étendu autour de chaque usine d'oxygène industriel.

L'hydrogène pur sert spécialement pour le travail des *soudures autogènes*. On obtient ainsi des flammes *très chaudes* (vers 3000°) et cependant *très réductrices*, ce qui est une qualité fondamentale pour un bon travail.

Les usines électrochimiques qui produisent l'hydrogène et l'oxygène par la décomposition de l'eau dans de grands voltamètres, ne sauraient concourir avec la modicité des prix de revient de ce nouveau procédé, qui ne demande que très peu de force motrice, comparée à celle qu'exigent les dynamos faisant le même travail chimique.

L'hydrogène pur est un réducteur puissant qui peut trouver un nombre considérable d'emplois chimiques encore interdits à cause du prix élevé de ce gaz.

Ozone.

La transformation de l'oxygène en *ozone* est une modification de ce gaz qui aujourd'hui est encore fort coûteuse !

Les procédés les *plus perfectionnés* ne donnent encore que $2\,^0/_0$ du rendement théorique possible.

Nous sommes actuellement en plein travail de recherches scientifiques pour donner à cette fabrication de l'ozone un nouvel essor grâce à l'obtention de l'oxygène à bas prix.

L'ozone sert tout spécialement à la décoloration presque instantanée des taches dues à des substances colorantes organiques.

Le blanchiment du lin, du chanvre, du papier, de la laine, de tous les textiles peut se faire aisément et très rapidement par l'ozone. C'est aussi un antiseptique des plus efficaces pour le traitement des *eaux potables*.

La littérature actuelle est pleine de ce sujet à l'ordre du jour dans toutes les grandes villes. Il faut avoir de l'*oxygène* pour faire de grandes quantités d'ozone et l'utiliser sans trop de dépenses.

Nous indiquons seulement ce chapitre, nous réservant de revenir en temps et lieu sur cette importante contribution à l'alimentation des capitales.

Ammoniaque.

Avec l'azote pur et l'hydrogène pur on touche à la synthèse directe et immédiate des *ammoniaques* de toutes espèces.

L'ammoniaque pure ou combinée aux oxydes des métaux terreux par l'action des acides, ouvre un champ absolument neuf à la chimie industrielle.

Ce chapitre débute seulement, mais il est riche en promesses.

Toutes les applications aux combinaisons synthétiques, de l'oxygène, de l'azote, de l'hydrogène et de leurs dérivés découlent immédiatement de ce que nous venons de dire. Avec l'apparition dans les usines de ces corps simples gazeux à *bas prix*, toute la chimie est intéressée dans la fabrication des matières premières les plus indispensables à l'industrie générale.

Nous ne pouvons pas, dans cette étude rapide, donner plus de développements à ce chapitre qui en comporterait cependant de beaucoup plus amples, mais nous réservons l'exposé de ces travaux synthétiques pour des publications spéciales qui paraîtront méthodiquement en leur temps.

En terminant nous rapellerons seulement que l'oxygène industriel permet d'*obtenir les hautes températures* souvent nécessaires pour exciter et maintenir certaines réactions chimiques.

Dans cette direction nous signalerons comme un exemple intéressant la préparation du *carbure de calcium*, qui n'était pratiquement réalisable qu'avec le courant électrique. Il est certain qu'une foule d'autres produits bénéficieront de cette possibilité d'utiliser facilement les hautes températures.

CHAPITRE VII

APPLICATIONS A L'HYGIÈNE DE L'OXYGÈNE INDUSTRIEL.

La vie de tous les animaux, comme le feu, ne se maintiennent que par l'action constante de l'oxygène ; ce gaz répandu dans l'atmosphère est l'agent essentiel des combustions ; combustion lente au sein de l'organisme des êtres animés, combustion rapide dans la flamme !

Il est donc évident que mettre l'oxygène, à n'importe quel titre de richesse, à la disposition des êtres affaiblis ou malades, c'est modifier à volonté un des facteurs essentiels du *milieu* dans lequel ils vivent et se développent.

Depuis longtemps déjà les inhalations d'oxygène ont été pratiquées pour faciliter et activer la respiration de gens touchés dans leurs œuvres vives par quelque grave maladie.

Les poitrinaires ont vu leurs jours prolongés et leurs souffrances adoucies par des inhalations fréquentes de ce gaz.

Les malades du diabète, de l'albuminurie, etc., ont éprouvé aussi d'heureux effets de ces méthodes curatives.

Malheureusement l'oxygène ne se transporte jusqu'à maintenant qu'en tubes d'acier sous haute pression et pour économiser les frais de transport on remplit ces tubes d'oxygène aussi pur que possible.

On place sur la bouche des patients un *masque* et on insuffle de l'oxygène à peu près pur, qui passe directement dans les poumons pour être rejeté par la bouche ou par le nez suivant la construction du masque.

Cette méthode est primitive, barbare et antirationnelle.

Introduire ainsi un *gaz pur* dans les poumons lorsque les habitudes et l'équilibre normal des fonctions ont été adaptées pour 21 $^0/_0$, c'est un *empoisonnement* avec un excellent remède! On donne des doses qui seraient toxiques si l'organisme ne réagissait lui-même contre un pareil excès de nourriture gazeuse.

Il est en effet démontré que les poumons, dans ce cas, refusent l'assimilation et que, comme l'estomac encombré d'aliments, ils arrêtent la digestion et ferment la porte au passage des gaz en excès.

L'action des climats montagneux, si puissante comme tonifiant les constitutions débiles et pour soulager, améliorer et guérir même les poitrinaires, nous indique le chemin.

On sait d'une part que l'acide carbonique est moins abondant sur les sommets, que l'oxygène est un peu plus abondant que dans les plaines.

La présence constante de *l'ozone* qui se produit et se décompose perpétuellement dans l'atmosphère chargée d'électricité dans les grandes hauteurs, est la cause efficace probablement de cette légère modification dans la composition de l'air qu'on respire dans les montagnes.

Or l'effet des climats des localités élevées, où l'on a construit depuis longtemps une foule de *sanatoria,* n'est plus discutable.

Les cures nombreuses sont là pour attester la rapidité de l'influence de ces changements du *milieu* où vivent les malades.

De tous les facteurs, les trois essentiels qui ont été modifiés sont :

1° La composition de l'air et sa pureté.

2° La pression de l'air dans lequel on vit.

3° La température moyenne de l'air.

Avec l'oxygène industriel, obtenu en quantités considérables on peut modifier *à volonté* le degré, la richesse de l'air en oxygène dans une *vaste salle* où les malades sont appelés à vivre.

Rien n'est plus facile dans une habitation que d'enrichir l'air respiré de quelques pour cent d'oxygène.

La cure n'est plus la respiration à haute dose d'oxygène pur pendant cinq ou dix minutes, c'est plusieurs heures durant que les malades respirent à *pleins poumons, sans masque* et *librement* un air qui sera porté pour chacun au degré fixé par le médecin.

Pour chacun, suivant son cas et le genre de maladie, il conviendra d'enrichir plus ou moins d'oxygène l'air de ia salle où il demeure.

Si l'habitation est spécialement construite pour le traitement des malades, jour et nuit la cure peut être conduite, dirigée et modifiée selon l'allure des symptômes et l'amélioration constatée.

Dans cette atmosphère vivifiante, les organes de la respiration ne sont point *surpris,* ils acceptent cette nourriture meilleure et qui ne leur est pas offerte d'une façon massive et toxique !

Les uns seront servis d'air ayant 25 $^0/_0$ d'oxygène, d'autres 27 ou 30 $^0/_0$ selon les expériences soigneusement contrôlées par des docteurs consciencieux et capables.

De plus les malades en traitement peuvent dans ces salles vaquer à tous leurs travaux.

Ils peuvent faire leur correspondance, recevoir des visites, s'occuper manuellement.

Ils peuvent se livrer à des exercices de gymnastique, prendre du mouvement, ou bien se reposer, lire, faire des travaux de tête.

Ils peuvent aussi, par des promenades au dehors et en rentrant ensuite dans les salles d'inhalation, produire des changements dans la qualité de l'air respiré.

Si des variations de *pressions* ou des changements de *températures* semblent activer l'effet de l'oxygène, des expériences bien conduites dans ce sens l'auront vite établi et rien ne sera plus aisé que de réaliser des conditions presqu'en tous points identiques à celles que l'on trouve naturellement dans les localités élevées.

Chacun selon son tempérament et selon l'affection dont il est atteint, pourra choisir dans ces conditions réalisées celles qui lui sont le plus spécialement propices pour recouvrer la santé et affermir le fonctionnement général de l'organisme.

Dans tous les cas l'action de l'oxygène apportera un riche contingent de bonnes chances à tous ceux qui souffrent et doivent en même temps se guérir et mener la grande lutte pour l'existence.

Ce qui est interdit, impossible avec de l'oxygène coûtant 5 à 6 francs le mètre cube devient à la portée du plus humble lorsque ce gaz si précieux est obtenu pour un centime !

Tout ce qui précède s'adresse tout spécialement aux *gens malades*, aux patients atteints de maladies chroniques, débiles et candidats à la mort à délai rapproché.

Une foule d'autres personnes mieux partagées bénéficieront aussi de l'oxygène industriel. Ce sont d'abord, pour rester dans la catégorie des clients d'hôpital, tous *les opérés*.

Les cicatrisations dans une atmosphère riche en oxygène, se font comme par enchantement.

Le fait est établi depuis fort longtemps.

L'oxygène est un aseptique et même un antiseptique remarquable ; il est l'ennemi de la plupart des microbes pathogènes et les détruit en empêchant leur prolification.

On a déjà fait pénétrer dans le traitement des maladies aiguës l'emploi de l'oxygène gazeux en injections hypodermiques avec de grands succès.

Des péritonites et des pneumonies infectieuses ont été soignées et guéries avec de l'oxygène comme méthode curative.

Les hôpitaux, les cliniques seront donc les clients tout désignés pour recevoir l'oxygène apporté en grandes quantités pour tous les opérés et une foule de malades.

Si nous passons maintenant à la catégorie des *bien portants* on trouve encore là des clients sérieux et dignes de tout intérêt.

Parlons d'abord des *écoliers!*

Nous voyons, depuis l'école primaire, où les enfants s'entassent dans des classes en grandes masses, jusqu'aux Universités où ces élèves sont devenus des hommes, l'air offert aux jeunes poumons ne présentant nullement la composition *normale!*

Toute la jeune génération *studieuse* est en *infériorité notoire* sur ce point par rapport aux petits paysans, autrefois illettrés, qui poussaient gais, joyeux et solides, en plein champ, à faire l'école buissonnière comme leurs parents!

Les écoles sont souvent peu vastes, mal aérées, mal ventilées par un chauffage économique, mais par contre les 30, 40 ou 50 poumons qui transforment constamment l'oxygène de l'air en acide carbonique ne trouvent plus après quelques heures de séjour qu'une atmosphère impure, chargée de miasmes et qui FAIT HONTE, disons-le bien hautement, à la *civilisation actuelle* si documentée sur la chimie des gaz.

Depuis longtemps ces faits sont connus, depuis longtemps les hygiénistes ont poussé le cri d'alarme; ils ont montré que les élèves entrant *bien portants* aux écoles y trouvent les conditions les plus favorables au développement de la *tuberculose.*

L'alimentation des poumons est profondément *altérée* et ne correspond plus du tout aux exigences de la science qui enseigne le remède.

Les écoliers doivent vivre dans un *air pur et vivifiant!*

Mens sana in corpore sano, telle doit être la devise fondamentale de la pédagogie pratique!

L'oxygène industriel apporté par des tuyaux de la rue à l'école remplit totalement ce programme.

En ouvrant la vanne d'apport, l'oxygène arrive sous faible

pression et se charge de ventiler la salle, d'exclure par remplacement l'acide carbonique et de renouveler l'élément fondamental et nécessaire au bon fonctionnement de ces jeunes poumons dont la société a la garde!

Faire de bons cerveaux intelligents et bien nourris c'est parfait; les garder dans des organismes solides et résistants c'est mieux, c'est même un devoir impérieux, surtout si l'on peut satisfaire à ces conditions hygiéniques sans grands frais et pour le plus grand bien de tous!

Si donc l'*éclairage* amène la création dans toutes les grandes villes d'un réseau de canalisations d'oxygène industriel, on sait de suite que les premiers clients qui viendront s'y brancher ce seront les hôpitaux, les cliniques et les écoles.

Renversons même les termes et disons:

Si l'*hygiène scolaire*, le *traitement des malades* imposent la création d'une canalisation générale d'oxygène dans les villes, les premiers clients *ensuite* qui s'y brancheront ce seront *les becs de gaz!*

Sous cette forme nous sommes plus d'accord avec nous-même, avec le sentiment général de tous ceux qui ont souci de l'avenir de ces jeunes enfants que nous avons pour mission de transformer en hommes vigoureux et instruits.

Ajoutons à cela que tous les *bureaux* d'affaires, les *salles de réunion*, les *théâtres* seront aussi facilement amenés à profiter d'un assainissement de l'air que respirent les employés pendant bien des heures, ou les spectateurs nombreux envahissant pour trois ou quatre heures les salles de spectacle.

Un riche milliardaire américain a dépensé l'an dernier pour 130,000 fr. d'oxygène, uniquement en ouvrant des tubes à oxygène dans sa chambre. Son exemple à Nice a été suivi par quelques malades, mais c'est l'argent seul qui a arrêté le traitement.

Offrir à tous l'oxygène à un prix coûtant inférieur à un centime est donc la transformation de l'*hygiène des poumons*.

Outre l'amélioration immédiate de l'air respiré, l'oxygène industriel aura encore, une fois son introduction dans les maisons particulières, plusieurs autres effets immédiats. On pourra par exemple supprimer toutes les *fumées* d'une ville.

Il suffit de laisser entrer au-dessus du foyer un peu d'oxygène et les fumées disparaissent de suite par une *combustion complète.*

On ne se doute pas de l'effet considérable pour l'hygiène d'une ville et sa propreté qui sera obtenu par la *suppression des fumées!* Pour certaines villes d'Angleterre, d'Allemagne et des Etats-Unis, cette modification sera si complète qu'à *elle seule* elle motiverait la canalisation générale des rues pour assurer ce bienfait.

Dans beaucoup de villes industrielles on ne voit que *rarement le soleil.* C'est pourtant un grand bonheur et une condition de joie dans la vie et de santé de tous les habitants intéressés à ce progrès.

La *destruction des immondices* des rues des grandes villes est aujourd'hui un problème d'hygiène qui offre de sérieuses difficultés.

Le *feu* est obligatoire, malheureusement le feu ne parvient pas à se communiquer à ces abondants détritus de toutes espèces, pleins de germes de putréfaction et d'odeurs nauséabondes. Avec *l'oxygène industriel* le problème est complètement résolu et cela avec production de vapeur utilisable pour la force motrice.

Nous n'en dirons pas davantage sur le rôle de l'oxygène industriel en hygiène, mais chacun comprendra la puissante action de ce facteur nouveau dans ce domaine.

CHAPITRE VIII

Nous sommes arrivé au bout du chemin. Dans cette étude sommaire nous avons essayé de démontrer que par des moyens purement physiques, n'utilisant que de la *force motrice* il est possible de séparer l'air atmosphérique dans ses éléments constitutifs et cela à des prix si minimes que l'oxygène industriel est devenu de tous les gaz le meilleur marché. L'oxygène à vil prix, offert à quatre grandes directions de la civilisation actuelle, ouvre des voies nouvelles à :

1° La *métallurgie*, qu'il transforme en y apportant une grande économie dans la dépense du charbon, en étendant la zone des hautes températures disponibles dans le traitement de tous les métaux, en faisant faire de sérieux progrès à la *qualité* des métaux obtenus, tout en simplifiant les opérations, en permettant d'attaquer d'abondants gisements, notamment de fer et de cuivre, par la fusion facile de gangues réfractaires.

2° A l'*Eclairage* qu'il modifie si profondément que la *lumière nouvelle ressemble à celle du jour* et que le prix en est réduit dans de telles proportions qu'on n'aurait jamais espéré une pareille économie, jointe à une si grande amélioration dans la qualité et la facilité avec lesquelles on se la procure.

3° A la *Chimie* qu'il révolutionne en mettant un des facteurs les plus nécessaires à la portée du creuset, soit comme production de hautes températures, soit comme élément prenant part aux réactions.

Les synthèses des acides sulfurique, nitrique, cyanhydrique, etc., de l'ammoniaque, des engrais artificiels, du carbure de calcium, etc., etc., sont rendues possibles et à des prix très rémunérateurs.

4° A l'*Hygiène,* à laquelle il apporte un auxiliaire de premier ordre pour réformer totalement le milieu des sanatoria où sont traités les malades ou les gens délicats. L'oxygène industriel s'applique aussi aux écoles, revivifiant l'air des salles et des réfectoires, aux bureaux, aux domiciles particuliers.

Partout nous voyons l'oxygène industriel apparaître comme une vague de première grandeur, transformant comme par miracle des domaines où les perfectionnements semblaient difficiles.

L'oxygène ne se remplace pas, il a une valeur intrinsèque particulière dans la série des corps simples, le mettre à la portée de tous à des prix très minimes nous paraît une révolution sociale à laquelle nous convions toutes les bonnes volontés et toutes les intelligences.

C'est faire une bonne œuvre, une œuvre rémunératrice à laquelle chacun sera heureux de contribuer.

Raoul PICTET.

TABLE DES MATIÈRES